현대...   치병 세계!
〈내 몸...   ...한 해답과 함께,
...지키는 새로운 치료법을 배워보자.

건강을 잃으면 모두를 잃습니다. 그럼에도 시간에 쫓기는 현대인들에게 건강은 중요하지만 지키기 어려운 것이 되어버렸습니다. 질 나쁜 식사와 불규칙한 생활습관, 나날이 더해가는 환경오염······. 게다가 막상 질병에 걸리면 병원을 찾는 것 외에는 도리가 없다고 생각해버리는 분들이 많습니다.

상표등록 (제 40-0924657) 되어있는 〈내 몸을 살리는〉 시리즈는 의사와 약사, 다이어트 전문가, 대체의학 전문가 등 각계 건강 전문가들이 다양한 치료법과 식품들을 엄중히 선별해 그 효능 등을 입증하고, 이를 일상에 쉽게 적용할 수 있도록 핵심적 내용들만 선별해 집필하였습니다. 어렵게 읽는 건강 서적이 아닌, 누구나 편안하게 머리맡에 꽂아두고 읽을 수 있는 건강 백과 서적이 바로 여기에 있습니다.

흔히 건강관리도 노력이라고 합니다. 건강한 것을 가까이 할수록 몸도 마음도 건강해집니다. 〈내 몸을 살리는〉 시리즈는 여러분이 궁금해 하시는 다양한 분야의 건강 지식은 물론, 어엿한 상표등록브랜드로서 고유의 가치와 철저한 기본을 통해 여러분들에게 올바른 건강 정보를 전달해드릴 것을 약속합니다.

내 몸을 살리는
MSM

정용준 지음

모아북스
MOABOOKS

저자 소개 정용준   e-mail: nadohealing@naver.com

중앙대약대를 졸업하고 현재 자연치유전문약국인 자연애약국 대표, 국제통합건
강연구소 대표, 한국요양보호사중앙회의 자문약사로 활동하고 있다. 또한 현대
의학, 한의학, 자연의학, 운동치유, 심리치유 등을 융합하여 통합건강컨텐츠를
운영하며 통합건강을 주제로 현대인들에게 화학적인 처방 및 수술보다 더 근원
적인 자연치유법에 대한 핵심적인 강의도 진행하고 있다. 저서로는 〈내 몸을 살
리는 노니〉, 〈노니 건강법〉, 〈내 몸을 살리는 MSM〉, 〈반갑다 호전반응〉 외
다수의 저서가 있다.

내 몸을 살리는 MSM

초판 1쇄 인쇄	2015년 10월 20일	**18쇄** 발행	2021년 12월 30일
15쇄 발행	2018년 11월 28일	**19쇄** 발행	2023년 11월 28일

지은이 정용준
발행인 이용길
발행처 모아북스 MOABOOKS

관리 양성인
디자인 이룸

출판등록번호 제 10-1857호
등록일자 1999. 11. 15
등록된 곳 경기도 고양시 일산동구 호수로(백석동) 358-25 동문타워 2차 519호
대표 전화 0505-627-9784
팩스 031-902-5236
홈페이지 www.moabooks.com
이메일 moabooks@hanmail.net
ISBN 979-11-5849-014-0 03570

모아북스 MOABOOKS 는 독자 여러분의 다양한 원고를 기다리고 있습니다.
(보내실 곳 : moabooks@hanmail.net)

질병의 고통에서 벗어나려면 MSM에 주목하라

백세 장수시대가 열렸다. 꾸준한 신체와 질병 관리를 통해 적절한 건강 상태를 유지하면서 백 살이 넘을 때까지 사는 노인들의 수가 증가하고 있다. 예로부터 장수는 하늘이 내린 축복이라고 했다. 그 만큼 귀한 일이라는 의미다.

하지만, 장수하더라도 그저 오래 사는 것만으로는 부족하다. 질병의 고통으로부터 자유로워야 한다. 백 살까지산다 해도 그것이 질병으로 인해 고통 받는 나날이라면, 그 백세 장수는 오히려 축복이 아닌 형벌일 수 있다.

질병의 고통으로부터 해방

사람은 누구나 자신만의 습관이 있다. 이 습관은 한번 형성되면 고치기가 쉽지 않은데 어떤 습관은 한 사람의 일생에까지 영향을 미치기도 한다. 그래서 잘못된 습관은 없는지 점검해보고 고쳐야 한다. 그 중 애초에 잘못된 방향으로 습관화 되지 않도록 주의를 기울여야 하는 것은 바로 건강 습관이다.

질병은 습관의 문제라는 말도 있다. 평상시 내가 어떤 습관을 가지고 건강을 관리하느냐에 따라 질병이 발생하거나 그렇지 않을 수 있다는 뜻이다. 만일 현재 크고 작은 질병을 앓고 있다면, 그 병이 더 악화되기 전에 식습관, 행동습관, 운동습관 등 다양한 습관부터 살펴봐야 한다. 또한, 그런 습관들을 찾아 잘못된 부분을 수정하고 올바른 건강 습관으로 나아가야 한다.

그럼에도 무작정 병원에서 주는 약이나 수술에만 의존하는 사람들이 있다. 단언컨대, 이런 방편은 임시적으로는 효과를 내겠지만 결국은 밑 빠진 독에 물붓기가 될 가능성이 높다. 중요한 것은 내 생활 전반을 질병에 대한 면역력이 높아지도록 하는 일이며, 그러려면 건강한 습관을 통해 내 생활을 규칙적으로 생활해 나가야 하는 것이다.

MSM에 주목하라

먹는 일의 중요성은 굳이 언급하지 않아도 될 만큼 크

다. 음식은 곧바로 우리 몸에 들어가 장기를 통과하며 흡수되고, 그렇게 흡수된 영양소가 몸 구석구석에 영향을 미친다. 즉 오늘 내가 먹은 음식이 건강을 망칠 수도 있고, 질병을 막아주거나 치료해줄 수 있는 것이다. 결국 우리 몸은 음식에서 공급된 영양소를 통해 움직이기 때문이다.

혹시 여러분은 MSM에 대해 알고 있는가? MSM이란 천연 유기황 화합물의 일종으로서, 우리 몸을 구성하는 아주 중요한 성분으로 작용한다. 그간 MSM은 다른 영양소들에 비해 그 중요성이 널리 알려져 있지 않았으나, 최근의 연구를 통해 질병의 발생과 치유, 통증의 완화에 획기적인 상관관계를 가진다는 사실이 밝혀진 바 있다.

이 책에서는 그간 널리 알려지지 않았던 MSM이 우리의 건강과 질병에 미치는 다양한 영향들을 살펴보고, 어떻게 효율적으로 섭취할 수 있는지를 살펴볼 것이다.

자동차를 보라. 좋은 연료를 사용하고 적절하게 엔진오일을 갈아주는 자동차가 오래 가듯이, 인체 역시 좋은 음식을 먹고 틈틈이 건강 체크를 해야만 타고난 건강을 유지한다. 이 사실을 잘 알면서도 지금껏 올바른 식습관에 관심을 두지 못했다면, 오늘 이 기회를 통해 식습관을 점검해 건강을 도모해볼 필요가 있다. 결국 인체 건강이란 우리 몸에 필요한 영양소들을 결핍 없이 골고루 섭취하여 모든 세포들이 정상화되면서 질병이 들어설 틈이 없도록 만드는 일이다. 이 책은 질병을 예방하기 위해 MSM 섭취가 얼마나 중요한지를 보여준다. 오늘 내가 먹은 음식 속에 어떤 좋고 나쁜 성분이 들었는지, 만일 잘못된 부분이 있다면 어떻게 식습관을 개선할 것인지 염두에 두고, MSM의 중요성에 대해 다시 한 번 생각해보는 기회가 되시기 바란다.

- 질병을 앓았거나 앓고 있는 분
- 두통, 관절염 등 여러가지 통증으로 고통 받는 분
- 가족들의 건강을 염려하는 분
- 미용상 피부에 주름이 많거나, 피부근육이 늘어져 고민하느 분
- 잦은 병치레로 매일 약을 복용 하시는 분

이 모든 분들에게 이 책을 일독하시기를 권한다.

정 용 준 약사

목차

1장

현대 의학계에서 왜 MSM에 주목하는가?

1) 반 질병 상태로 전락한 현대인의 건강

오랜만에 누군가를 만날 때 가장 먼저 하게 되는 인사 중에 하나는 "요즘 건강하시지요?"다. 인사치레일 수도 있지만, 꼭 그렇지만도 않다. 건강이야말로 우리 삶을 떠받치는 가장 중요한 축이라는 것을 모르는 사람은 없다. 천만금을 가져도 건강을 잃으면 전부를 잃는 것이다라는 말처럼, 건강을 잃으면 아무 소용이 없는 것이다.

한두 번쯤 질병에 시달려 크게 아파본 경험이 있는 사람이라면, 질병 때문에 해보고 싶었던 일을 못했을 때의 경험을 잘 기억할 것이다. 몸이 아프면 가족들과 편안히 이야기를 나누고, 맑은 날 가까운 곳으로 소풍을 가고, 보고 싶었던 지인들과 가볍게 술 한 잔 기울이고 싶은 작은 소원마저도 이루기 어렵다. 즉 질병은 그 자체로 우리를 가두는 감옥인 것이다.

잘못된 생활습관이 질병을 가져온다

현대의학은 건강을 잃고 나서야 치료에 나서는 것을 정설로 한다. 이는 소 잃고 외양간 고치는 것과 다름이 없다. 최근 들어서야 예방 의학이 생겨나 질병은 무엇보다도 예방이 중요하다는 것을 강조하고 있지만, 그럼에도 아직은 많은 환자들이 질병이 발생한 후에야 치료를 시작한다.

또한 대부분은 질병 치료 시에도 한 가지 중요한 점을 간과한다. 바쁘고 불건전한 생활습관은 그대로 유지하면서 약이나 수술 등에만 의존하는 것이다. 과도한 업무로 인한 스트레스, 인간관계에서 오는 압박감, 잦은 회식과 술자리 등 불건전한 식습관은 그대로 둔 채 눈에 보이는 병들만 치료하는 것이다. 하지만 이런 방식으로는 결코 질병을 치료할 수 없으며, 설사 건강해졌다 하더라도 반드시 질병이 재발하게 된다.

이 곳 저 곳 아픈 사람들

최근 의미 있는 연구들에 의하면, 현대인들의 거의 대부분이 이유를 알 수 없는 크고 작은 질병에 노출되어 있다고 한다. 언뜻 겉으로 보면 건강해 보이지만, 늘 피로함을 느끼고 몸 군데군데에 불편함을 느끼는 것이다. 하지만 이 경우 병원에 가보면 딱히 질병이 발견되지는 않고, 기껏해야 한두 주 처방약을 먹으라거나 신경성이니 마음을 편히 가지라거나, 담배를 끊으라는 소견을 듣는 것이 전부다.

이처럼 완전히 건강하지 않은 상태이지만 딱히 병명이 나오지 않는 경우를 반 건강 상태, 또는 반 질병 상태라고 한다. 이런 반 질병 상태의 경우 곤혹스러운 점이 한두 가지가 아닌데, 병명을 알 수 없으니 치료조차 불가능하고, 항상 피로를 느껴 생활에도 활력을 찾기 어렵기 때문이다.

2) 통증이 우리 몸을 괴롭히고 있다

반 질병 상태의 특징은 크고 작은 통증들이 끊임없이 인체를 공격한다는 데 있다. 최근 스트레스와 질병으로 인해 만성통증이 급증하면서 통증클리닉도 전례 없이 성업 중이다.

통증학회에 의하면 국내성인 인구의 약 10%인 250만 명이 만성통증 환자다. 또한 고령 인구가 급속도로 늘어남에 따라 앞으로 통증환자 수는 더 많아질 것이다.

만성통증은 환자 개인에게는 물론 가족과 가족경제에도 부정적인 영향을 미친다. 의료비 증가·직업의 상실 등으로 인한 경제적 문제가 발생하고, 가족관계의 악화, 심각한 신경정신과적 문제 등을 유발할 수 있다.

국내 만성통증 환자 1,000여 명을 대상으로 실시한 연구 결과에서도 약 35%가 죽고 싶다고 생각한 적이 있다고 조사됐다. 대부분 수면장애·우울증·집중력 감소·불안감 등의 부작용을 겪고 있으며, 이로 인해 경제활동의 제약·가정불화·실직 등의 악영향으로 이어졌다.

통증은 질병의 신호이다

나아가 통증 자체를 병으로 인식하지 않고 방치하다가 오히려 병을 키우는 경우도 있다. 통증의 경중이 다를 뿐더러 사회적으로 '아프면 엄살'이라는 선입견이 크고, 본인 스스로 통증을 '나이 들어 그렇다'고 생각하는 경우가 대부분이다. 그러나 통증은 우리 몸이 이상을 느끼면서 경고하는 신호이며, 적절한 치료가 동반되지 않으면 만성질병으로 발전할 가능성이 높다.

우선, 통증은 나이가 들면 어쩔 수 없이 생기는 것이 아니다. 통증 자체가 몸에 이상이 있다고 알려주는 경고 신호로 원인을 찾아 해결하지 않으면 더 큰 문제가 발생한다. 대표적으로 허리 통증, 관절 통증, 두통, 심장 및 장기에서 느껴지는 불편감 등이 있는데, 시간이 지나면 괜찮아질 것이라는 생각에 방치하다가 만성 통증으로 이어지는 경우가 많다.

나아가 금방 나아지겠지 하다가 예기치 못한 질병이 발견되기도 한다. 비단 정형외과적 질병이 아니라 내과 관련 질환도 다양한 통증을 동반하는데, 이때 통증은 질병이 심각하게 진행되고 있다는 신호인 만큼 반드시 주의를 기울여야 한다.

건강해지면 통증도 줄어든다

이는 곧바로 건강을 되찾으면 통증도 줄어들고 생활의 활력을 되찾을 수 있다는 것을 의미한다. 통증을 위험 요소로만 볼 것이 아니라, 내 몸에 이상이 있다는 신호로 받아들여 식습관과 생활습관을 점검하고 꾸준한 개선을 동반한다면, 오히려 큰 병을 미리 막을 수 있는 기회가 될 수도 있는 것이다.

이와 관련해 우리가 살펴봐야 할 부분이 있다. 바로 기본적인 건강과 직결되는 충분한 영양소 섭취를 하고 있는지, 혹시 편협한 식습관으로 내 몸의 건강을 망쳐오지 않았는지 하는 자각심을 가져야 한다. 이와 관련해서 이어지는 내용을 보도록 하자.

3) 현대인의 식습관, 무엇이 문제인가?

어린 시절부터 우리는 영양소를 충분히 섭취해야 건강을 유지할 수 있다고 배웠다. 하지만 이것을 어른이 돼서까지 꼼꼼하게 지키는 사람은 그다지 많지 않다. 바쁜 생활 속에서 생계를 유지하는 것이 제 1의 목표가 된 세상에서 하루세 끼를 정성들여 차려 먹는다는 것은 어불성설이라고 보는 것이다.

하지만 이처럼 영양소가 결핍된 식생활이 장기적으로 이어지게 되면 필연적으로 우리 몸은 제 기능을 할 수 없게 되고, 그 결과 다양한 질병이 찾아오게 된다.

생명활동에 관여하는 주요 영양소들

인체에는 반드시 섭취해야 할 영양소들이 있다. 대표적인 영양소로는 5대 영양소로 알려진 단백질, 지방, 탄수화물, 미네랄, 비타민이 있다. 이 영양소들은 인체의 에너지와 신진대사를 담당하고 인체 구조를 형성하는 데 지대한 영향을 미친다. 어린 시절 이런 영양소가 결핍되면 심각한 문제를 겪을 수 있으며, 성인이 되어서도 영양소 부족은 치명적인 결과를 야기할 수 있다. 때문에 국내의 영양학 관련 학회들은 영양소의 결핍을 막아주는 영양가 높은 식단을 권하고 있지만, 그 효율성을 자신할 수 없는 것이 사실이다. 아무리 좋은 식단을 권해도 그것을 제대로 준비할 만한 시간이 없는 현대인들로서는 간편한 인스턴트식품이나 가공 식품에 길들여지기 쉽기 때문이다.

이러한 불량 식단은 결국 영양소의 결핍을 가져오게 되는데, 가장 큰 문제는 체내에서 합성되지 않아 반드시 음식으로만 섭취해야 하는 필수 영양소가 결핍된다는 점이다.

필수아미노산, 필수지방산, 비타민, 일부 미네랄 등이 그것인데, 이 영양소들은 자칫 결핍될 경우 신진대사가 무력화되어 질병을 불러오고, 심하면 생명에까지 지장을 줄 수 있다.

잊혀진 생체 필수 영양소, MSM

나아가 필수영양소에 공식적으로 등록되어 있지는 않지만, 우리 몸에 반드시 필요한 다른 영양소들도 결핍 위기에 처해 있다. 대표적인 것이 MSM이다. MSM은 인체의 생명활동에 관여하는 천연 식이 유황 영양소를 뜻하는데, 유황은 미생물, 식물, 동물의 생체 내에 존재하며 신진대사와 생명활동에 영향을 미친다.

나아가 유황은 오랜 역사 속에서 질병 치유를 위한 중요한 영양소로 쓰여 왔는데 이른바 '천하의 명약'이라고 불리며 강한 약성을 자랑한다. 그렇다면 이 MSM은 어떤 물질이며, 우리의 건강과 질병에 어떤 영향을 미치는지 살펴보자.

4) 현대인들에게 꼭 필요한 영양성분, MSM이 대안이다

의학자들은 '20세기가 영양소의 황제라 불리던 비타민의 시대였다면, 21세기는 MSM의 시대가 될 것'이라고 예견한 바 있다. 이는 MSM이 어떤 다른 성분보다 현대인들의 건강에 영향을 미치는 영양소라는 것이다. 수많은 오염물질 속에서 크고 작은 통증에 시달리는 현대인들에게 MSM은 특별한 의미를 가진다. 그것은 MSM에 현대인의 건강을 위협하는 다양한 유해물질, 중금속, 독소를 제거하는 해독 능력이 있기 때문이다.

그럼에도 이 MSM은 한동안 잊혀진 생체 영양소로 큰 주목을 받지 못했는데, 세계적인 영양 의학자인 칼 파이퍼 박사는 'MSM은 잊혀진 필수영양소'라며 MSM이 주목 받지 못하는 것을 안타까워했다. MSM이 우리 인체에 얼마나 중요한 역할을 하는지를 살펴 그 중요성을 제고해봐야 한다는 것이다.

통증과 질병은 독소가 유발한다

현대사회는 많은 독소 환경이 산재해 있다. 물과 공기의 오염, 포화 상태의 쓰레기, 서구화된 식습관, 인스턴트 식품의 범람 등 많은 독소의 공격이 진행되고 있는 것이다. 이런 상황에서 자신의 건강을 돌보지 않는다면 언제 건강을 잃을지 모른다.

실로 이런 독소 환경에서는 지속적으로 미량 또는 대량의 독소가 체내로 유입됨으로써 독소를 해독하는 인체 본연의 자연치유 능력에 과부하가 걸리게 된다. 나아가 자연치유력에 과부하가 걸리면 남는 결과는 질병 밖에 없다.

그럼에도 이 같은 환경 속에서 모두가 똑같이 병에 걸리는 것은 아니다. 어떤 사람은 다른 이들보다 증상이 심하게 나타나 암과 각종 난치병으로 발전하는 수도 있고, 반대로 질병 증상이 전혀 나타나지 않는 경우도 있다.

이는 독소의 침입과 축적을 막아내는 자연치유력이 사람마다 다르기 때문인데, 건강한 생활습관과 식습관으로 자연치유력을 최대한 키워서 독소를 제거 한 사람은 그렇지 않은 사람에 비해 건강할 수밖에 없는 것이다.

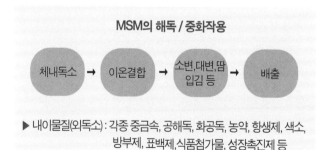

MSM의 해독 / 중화작용

체내독소 → 이온결합 → 소변,대변,땀 입김 등 → 배출

▶ 내이물질(외독소) : 각종 중금속, 공해독, 화공독, 농약, 항생제, 색소, 방부제, 표백제, 식품첨가물, 성장촉진제 등

MSM의 뛰어난 해독 능력

1978년 한 대학교수가 동치미를 마시면 연탄가스 중독 증상을 회복시킬 수 있다는 연구 결과를 내놓았다. 실로 오래전부터 우리나라 사람들은 연탄가스 중독 증상이 있을 때 동치미를 마셨는데, 그럴 시 어지러움과 두통이 사라지곤 했다. 이는 동치미 안에 발효 과정에서 발생한 유황 성분이 체내로 유입된 독소를 제거하기 때문이다.

이처럼 유황 성분은 현대인들이 건강하게 살아가기 위해 시급하게 풀어가야 할 독소제거를 돕는 가장 훌륭한 지원병으로서 각종 난치병을 유발하는 원인을 차단하는 데 큰 도움을 줄 수 있다. 나아가 그 외에도 MSM에는 다양한 이점이 많은데, 그 상세한 내용을 다음 장에서 살펴보도록 하자.

TIP   아프면 왜 온천을 찾을까?

옛적에 트로이 전쟁을 치른 그리스의 왕 아가멤논은 부상당한 병사들을 터키의 이르미즈 근처 발코바 온천으로 데려갔다고 한다. 이 때문에 온천욕은 흔히 아가멤논 목욕이라고도 불리는데, 오늘날까지도 류마티즘, 소화장애, 수술 후 컨디션 회복에는 소위 아가멤논 목욕이 효과적이라고 정평이 나 있다.

불멸의 작곡가 모차르트와 베토벤도 몸이 아플 때면 비엔나 근처의 유황 온천에 자주 갔다. 또한 니폴레옹 1세의 부인, 엔리코 카루소, 루치아노 파바로티와 같은 유명인들이 건강 증진을 위해 다양한 온천욕을 즐겼다고 한다.

서인도 제도의 산타 루치아의 온천은 달걀 썩은 냄새가 진동할 정도로 유황 함유량이 높은데, 루이 16세는 전쟁으로 지친 군대가 기력을 되찾을 수 있도록 이 온천수에서 피로를 회복시킬 수 있도록 했다고 한다.

2장 21세기는 MSM의 시대다

1) 생체의 필수 성분, MSM

MSM이란 천연 식이 유황으로서 정식 명칭은 메틸설포 닐메탄(Methyl-Sulfonyl-Methane)으로, 줄여서 MSM이 라고 부른다. 사실상 이 MSM을 영양소로 대하는 것은 우리 에게는 낯선 일일 수 있다. 유황 하면 일반적으로 광물질을 연상하기 때문이다.

하지만 이 유황은 의외로 우리가 일상적으로 섭취하는 음식들 속에서도 쉽게 찾아볼 수 있는 성분이다. 식물의 경 우, 유황은 대개 유명한 악취를 내게 하는 화합물로서 존재 한다.

우리가 흔히 먹는 파, 양파, 마늘, 부추, 홍당무, 양배추 삼채 등을 기억해보자. 이 야채들을 자르거나 요리를 할 때 특유의 냄새가 나는 것을 알 수 있는데, 이것이 바로 유황 화합물에서 나오는 냄새이다. 그 외에도 우리는 질병 치료에 도움이 된다는 온천 등에서도 유황 냄새를 맡는다.

그렇다면 이처럼 낯익지만 낯설기도 한 유황이 우리의 건강에 어떤 도움이 되고, 인체에서는 어떤 역할을 하는 것인지 자세히 알아보자.

인체에서 8번째로 풍부한 요소

인간의 몸을 구성하는 기본 물질은 단백질, 지방, 수분 등 다양한 영양소가 결합되어 있다. 나아가 이를 보다 세밀한 생체 원소로 구분해보면, 수소, 산소, 질소, 나트륨 등을 포함한 총 14종류가 있는데, 이 원소들은 인체 99.5%를 차지하는 구성 물질들로 인체 건강에 지대한 영향을 미친다. 나아가 유황 성분은 이중에서 인체에서 8번째로 가장 풍부한 요소로, 우리 몸에서 실질적으로 모든 조직의 일부를 이루며, 특히 단백질이 가장 많은 붉은 혈액세포, 근육, 피부, 머리카락 등의 조직에 가장 많다.

한 예로 머리카락이 탈 때 특이한 냄새가 나는 것을 느낀 적이 있을 것이다. 이것이 바로 유황의 냄새인데, 머리카락에는 다량의 유황이 함유되어 있다. 손발톱이나 피부도 마찬가지다. 따라서 MSM을 섭취하게 되면 머리카락과 손발톱이 튼튼해지게 된다. 이것은 MSM의 유황이 인체에서 흡수되어 활용된다는 증거다.

나아가 유황은 인체를 구성하는 중요한 아미노산의 주요 요소다. 단백질은 효소, 호르몬, 항체, 그리고 인체에서 계속되는 수많은 생화학적 활동의 기본 요소이자 근육, 뼈, 머리카락, 치아, 혈액, 피부, 두뇌, 기타 인체 기관의 구조적 원자재를 제공한다. 따라서 충분한 단백질을 얻지 못하면 어릴 때는 성장을 저해하고, 성인일 경우는 만성피로, 정신적 의기소침, 허약, 감염에 대한 저항력 약화, 상처나 질병에 대한 치유지연 등이 나타날 수 있다.

인체의 무게에 대한 원소성분

순번	성분	참량(g)	비율(%)
1	물	45,000.0	64.360
2	탄소	16,000.0	22.880
3	산소	2,900.0	4.150
4	수소	2,000.0	2.860
5	질소	1,800.0	2.570
6	칼슘	1,100.0	1.570

7	인	600.0	0.880
8	황	140.0	0.200
9	칼륨	140.0	0.200
10	나트륨	100.0	0.144
11	염소	95.0	0.137
12	마그네슘	19.0	0.028
13	규소	18.0	0.027
14	철분	4.2	0.007
15	아연	2.5	0.004
16	비타민C	2.3	0.003
계	16종	69,921	100

(유황은 인체의 구성 성분중 8번째로 차지하는 필요한 주 성분이며, 물, 가스성분을 제외하면 3번째로 많은 성분으로 인체에 대한 유황의 중요성은 매우 크다.)

필수 아미노산인 유황 아미노산

특히 유황은 메티오닌(methionine:황을 함유하는 α-아미노산의 일종으로 체내 필수아미노산 중 하나이다) 과 시스테인 (Cysteine : 비극성을 나타내는 곁사슬기인 설프하이드릴기를 갖는 가진 아미노산)과 같은 유황 단백질의 형태로 우리 몸에 긴밀한 영향을 미친다. 메티오닌은 필수 아미노산으로서, 체내에서는 생성되지 않기 때문에 반드시 음식에서 섭취해야 하는데, 체내에서 몇 가지 중요한 역할을 맡는다. 인체에서 생화학적 변화를 촉발하여 여타 단백질이나 아미노산뿐 아니라 호르몬의 구조와 기능을 바꾸는 역할이다. 또한 시스테인은 인체에서 메티오닌으로부터 생성되는데, 질병과 노화를 야기하는 조직의 예민성을 완화함으로써 과도한 산화로 인한 노화를 방지하며, 해독제로서 인체가 발암물질과 유해화학물질을 제거하는 데 도움을 준다. 이처럼 유황은 인체의 수많은 기본적인 구조적, 기능적인 면에 관여하며, 단순한 원자재 이상으로 생명 과정에 기여하고 있는 것이다.

TIP 자연 속에 존재하는 유황

- 광물성 유황 : 화산이나 지진 또는 유황 온천처럼 지하에서 표출된 토유황(담황색)
- 동물성 유황 : 흔히 웅담이라고 일컫는 곰의 쓸개(돼지의 쓸개 등)나 우황청심원의 주 성분인 소의 담즙, 사향노루의 배꼽 주변에서 채취한 사향.
- 식물성 유황 : 그 수가 다양하지만 인삼, 산삼 속의 사포닌, 독특한 쏘는 냄새를 가진 채소나 알리움(Allium)식물 (파, 양파, 마늘, 부추, 삼채, 달래) 등을 들 수가 있다.

2) MSM은 우리 몸에 어떻게 관여하는가?

유황은 성분상 위험 물질로 분류되곤 하지만, 식물에서 추출한 유황인 MSM은 무독, 무취의 영양소로서 천연 식이 물질로 구분된다. MSM의 원조는 디메틸 설폭사이드 (Dimethyl Sulfoxide), 즉 DMSO로부터 출발한다. DMSO는 1960년대 미국 의사학회에서 제이콥 박사가 발표한 임상실험결과에 등장한 성분으로, 근육 골격 장애, 관절염, 당뇨, 위궤양을 앓고 있는 약 3천 명에게 이 물질을 처방했다. 그 결과, 많은 의학 잡지들이 DMSO를 "의학계의 가장 놀라운 사건"으로 전면 기사로 싣는 등 대단한 소동이 일어났다. 이로 인해 DMSO는 페니실린 개발에 필적하는 의학계의 혁명이라 불리게 되고, 주요 의약업체들이 관심 갖게 되었다. 하지만 이 DMSO는 유황 물질에서 나는 특유의 냄새로 인해 더 이상 이용할 수 없었다.

이후 제이콥 박사는 무독, 무취의 MSM 성분을 식물로부터 추출해내는 데 성공했고, 오레건 의과대학에서 12,000명에게 임상시험을 거쳐 완벽한 천연 식이 유황인 MSM을 발표하게 되었다.

신종 영양소로 입증되다

MSM이 정확히 인체 내에서 어떤 작용을 하는지 밝혀지기 시작한 것은 1986년이었다. 시애틀 태평양 북서 연구재단에서 수행한 동물 연구 내용이 〈라이프 사이언스〉지에 밝혀진 것이다. 이 연구 결과, MSM은 '20세기 후반에 발견된 신종 영양소'라는 이름을 얻으며, 다양한 효능과 생리적 작용이 밝혀지기 시작했다. 그 간략한 내용은 다음과 같았다.

* 통증완화 작용이 강하다.
* 염증을 조절하는 기능이 강하다.
* 물질을 운반하는 기능이 강해 피부 및 인체 간 세포막에 깊이 투과되어 재생을 발휘한다.
* 혈관을 팽창시키고 콜레스테롤과 어혈제거, 지방분해, 피의 흐름을 증강시키는 기능이 강하다.
* 노화방지 및 장의 연동운동을 회복시켜 변비를 신속하게 회복시킨다.
* 미네랄의 흡수를 도우며 뼈와 골수를 충족케 한다.
* 콜라겐의 교차 결합과정을 강화시켜 생체유기접착제 역할을 한다.

* 류마티성 관절염, 낭창 피부 경화증과 같은 자가 면역 질환 등에서 면역 정상화 효과를 갖는다.

* 암세포와 활성산소를 억제한다.

MSM의 재발견

다양한 효능을 자랑하는 MSM은 그 약용효과로 인해 다양한 약제로 활용되어 왔는데, 의학박사인 C. 마이클이 쓴 〈유황 화합물의 생물학적 작용〉이라는 책자에는 유황의 정화와 해독 작용이 수천 년간 알려져 왔고, 나아가 현대에서 사용되는 의약 제품의 약 4분의 1에 이 유황 성분이 포함되어 있다고 강조했다.

그가 밝힌 목록에 의하면 페니실린, 세팔로스포린과 같은 유명한 항생제는 물론, 당뇨병 치료제인 톨부타미드5, 피부병 치료제인 설파민, 항정신병 치료제인 페노티아진 등에도 상당량의 유황이 포함되어 있다.

즉 외부적으로는 큰 주목을 받지 못했던 유황이 사실상

우리의 질병 치료에 긴밀한 영향을 미치고 있었던 셈이다.

TIP 안전하게 증류한 MSM을 섭취하라

MSM은 DMSO라는 물질을 산화해서 만든다. DMSO를 얻기 위한 방법으로 두 가지가 있다. 하나는 소나무의 리그닌을 시작 물질로 생산하는 방법과 또 하나는 석유, 석탄, 옥수수, 사탕수수 등에서 메탄올을 생성하여 생산하는 방법이다. 세계에서 판매되는 MSM의 99%는 메탄올을 생성하여 생산하고 있으며, 극소수의 경우에만 필요시 소나무 등 식물류의 리그닌에서 DMSO를 얻어서 MSM을 만든다. 메탄올을 생성하여 생산하는 MSM의 경우 증류 방법이 매우 중요하다. 제대로 된 증류 과정을 거치지 않고 식물성 MSM이라 주장하는 것은 오히려 해를 줄 수 있으며, 따라서 메탄올의 독성을 완전히 제거할 수 있는 제조 공정을 보유한 회사 제품을 찾아야 한다.

최소한 증류법으로 4번 이상의 정제과정을 거쳐야 안전하며, 이처럼 증류 기법으로 추출한 MSM은 맑고 깨끗해서 물에 녹였을 때 불순물과 색이 나타나지 않는다. 또한 타 물질을 섞어서 MSM을 제조하는 경우가 있는데, 이는 순수 식물성 100% MSM이라고 보기 어렵다.

3) 새로이 입증되고 있는 MSM의 효능

이처럼 MSM은 인체의 정상작용 및 구조에 필수불가결한 유황 공급원이자 콜라겐과 함께 단백질과 육체를 이루는 연결 조직의 수많은 생체 활동을 담당하고 있음에도 사실상 다른 비타민과 미네랄에 비해 그 중요성이 간과되어 왔다.

건강에 중요한 미네랄을 물어보면 대부분의 사람들이 칼슘이 뼈에 좋으며, 철분이 혈액에 중요하고, 아연이 전립선에 필요함을 알고 있다. 그러나 유황을 언급하는 사람은 거의 없다는 점이 이 사실을 보여준다. 그럼에도 MSM의 존재감이 성장하고 있는 것은 다른 무엇도 아닌 그 자체가 가진 효능 때문일 것이다.

입에서 입으로 알려지는 효능

제약회사의 연구 및 의사와 소비자에게 소비한 광고비는 수억 달러가 된다. 하지만 영양보조제를 위해서는 그런 자금은 없다. 왜냐면 비타민, 무기물, 약초, 유황과 같은 자연물질에 기초한 영양보조제는 특허성이 아니기 때문이다.

MSM이 점점 인기를 얻는 이면의 주요 추진력은 입으로 전달된 소문이다. 사람들이 MSM의 치유효과를 경험함에 따라 통증이 있는 가족이나 친구들에게 열렬히 이에 대해 전달하는 전령의 역할을 하게 되는 것이다.

　MSM의 권위자인 제이콥과 로렌스 박사는 다양한 난치병으로 극심한 통증에 시달리는 사람들을 치료해왔다. 한 사람은 MSM의 개발에 참여했고, 한 사람은 처음으로 MSM을 사용한 의사로 두 사람의 임상 경험을 합치면 거의 90년이나 되며, 갖가지 형태의 통증과 염증으로 고생하던 환자가 훨씬 호전되고 정상적인 기능을 회복하는 것을 계속 확인해온 셈이다.

TIP   MSM 섭취가 인체에 미치는 영향은?

* 관절염 개선
* 감염예방
* 만성피로 해결
* 알레르기, 아토피 개선
* 천식 억제
* 소화장애 개선
* 편두통 억제
* 기생충 제거
* 독소생성 방지
* 전립선 개선
* 자녀의 지구력, 집중력, 체력증진을 통한 성적 향상 효과
* 변비개선 여드름 제거
* 팔목터널 증후군 개선
* 당뇨병 호전
* 약한 머리카락, 손 발톱 강화
* 근육통과 경련 제거
* 피부손상과 노화 방지
* 종양발생 억제
* 피부의 유연성, 탄력성과 복원력 증대

진작 MSM에 대해 알았더라면

오랜 임상 실험 결과 두 박사는 한 가지 확신을 가질 수 있었다. MSM이 만성 통증으로 인한 장애를 상당부분 줄일 수 있다는 점이다. 나아가 MSM은 심각한 부작용 없이도 통증과 염증을 감소시키는 자연적 방법을 제시한다는 점에서 획기적이었다. 영양보조제 형태로 제공되므로 치료 속도는 일반 의약처럼 빠르지 않지만 표준 진통제 그 이상의 효과를 가지는 것이다. 실제 MSM을 경험한 많은 사람들은 다음과 같은 반응을 보였다.

- "MSM에 대해 빨리 알았더라면"
- "MSM이 내 인생을 돌려주었다."
- "아무런 부작용도 없이 통증을 없애주는 자연적인 치료제에 대해 감사한다."
- "이 전에는 내게 효과가 있는 약이 아무것도 없었다."
- "마치 기적 같다."

TIP 인삼, 산삼과 MSM의 유황 함유량

유황은 인류역사상 페니실린 다음으로 가장 위대한 발견이라고 칭해질 만큼 매우 중요한 영양성분이다. 최근 식품의약품안전청은 인체 필수 8대 미네랄의 하나로 유황을 선정했는데, 식약청이 권장하는 유황의 1일 섭취량은 1,500mg이다.

그러나 일반 사람들이 하루에 식품으로 섭취하는 유황은 20~30mg에 불과해 매일 50~60배 정도가 부족한 실정이다. 때문에 부족한 유황을 반드시 보충해야만 하는 것이다. 이처럼 현대인들이 유황섭취에 심혈을 기울여야 하는 이유는 유황이 세포간의 결합력을 강화시켜주고 해독의 중심역할을 하기 때문인데 현대인들은 체내에 이렇게 중요한 유황이 부도상태이기 때문이다. 실제로 현대의학에서 사용하는 의약품의 약 1/4에 유황성분이 포함되어 약리작용을 하고 있고, 값비싼 보약의 대명사로 알려진 녹용, 웅담, 사향, 우황, 산삼 등의 약리작용을 하는 중심에 유황이 있다.

인삼, 산삼, 홍삼에는 사포닌이라고 하는 성분이 풍부하다고 알려져 있다. 사포닌은 항산화작용, 혈관질환예방, 고혈압조절 등의 건강유지에 효과적이라고 알려져 있는데, 알고보면 인삼, 산삼, 홍삼의 효과 역시 유황성분이 주역할을 하기 때문이다.

다음의 비교표를 보면 MSM이 산삼의 60배에 달하는 유황성분을 함유하고 있는 것을 확인해볼 수 있다.

사포닌 성분 함량 비교표 – 인삼의 36,000배 (K대 생명공학연구팀 연구결과참조)

분류	연삼	백삼	홍삼	산삼	선삼	MSM
알파 황	X	X	X	X	X	O
베타 황	1mg	10mg	30~60mg	300~600mg	산삼의 10배	산삼의 60배
감마 황	X	X	X	X	X	O
델타 황	X	X	X	X	X	O
람다 황	X	X	X	X	X	O
뮤 황	X	X	X	X	X	O

4) MSM이 풍부한 음식은 무엇?

유황은 일종의 미네랄 영양소로서 현대인의 식단에서 부족해지기 쉬운 영양소이기도 하다. 매일 섭취 표준량이 있는 칼슘, 칼륨, 마그네슘, 아연 등과는 달리 유황에는 특별한 섭취 기준이 없다. 영양의 관점에서 유황은 그다지 중요하게 여겨지지 않은 채 그 자체로는 필수 영양소로 간주 되지 않는다.

물론 최근 들어 유황의 중요성이 알려지면서 앞서도 언급했듯이 MSM 섭취에 대한 관심이 높아지고 있다. 나아가

MSM이 풍부한 식품을 섭취하는 일은 건강과 직결되는 문제인 만큼 MSM이 풍부한 식품으로는 무엇이 있는지 살펴봐야 할 것이다.

단백질과 MSM

MSM은 단백질과 긴밀한 연결이 있는데, 이는 단백질의 주요 성분인 아미노산의 메티오닌과 시스테인이 유황 아미노산으로서 유황의 최고 공급원이기 때문이다. 이 두 아미노산들은 동물 단백질원인 육류, 생선, 계란, 낙농 제품에 많이 포함되어 있으며, 식물계로는 마늘, 양파, 아스파라거스, 아보카도, 콩, 완두, 양배추, 브로콜리, 꽃양배추, 겨자, 고추냉이, 해바라기에 포함된 단백질에 유황 성분이 풍부하다.

한 예로 마늘이나 양파를 먹을 때나 껍질을 벗길 때 강한 최루성 냄새와 함께 톡 쏘는 맛을 느끼게 되는데, 이것은 이 식품들에 MSM이 풍부하게 함유되어 있기 때문이다.

대표적인 유황 식품, 마늘

이 다양한 유황 식품 중에도 마늘은 대표적인 유황함유 채소의 제왕이라고 볼 수 있다. 이는 마늘에 들어 있는 알리신이라는 유황 아미노산 때문인데, 알리신은 톡 쏘는 맛을 가지며 최루성이 강하다. 하지만 가열하면 쉽게 파괴되므로 생으로 먹을 때 충분한 MSM을 섭취할 수 있다.

실로 마늘의 의약적 효능은 아주 오래전부터 인정되어 왔다. 하이네만 박사는 그의 저서 〈마늘 치료의 효과〉에서 마늘을 질병 치료에 사용한 역사가 약 4300년 전 수메르 문명까지 거슬러 올라간다고 밝힌 바 있다.

1930년대에 발굴된 증거들에 의하면 수메르 사람들은 열병, 설사, 염증, 근육경직, 늘어난 인대, 기생충, 그리고 일반 강장제로서 마늘을 사용했고, 그 외에도 많은 고대 문명들이 인체를 치유하고 영양을 보충 하는데 마늘을 가장 중요한 향신료로 간주했다.

나아가 마늘 외에도 식품이나 약초에서 강한 냄새의 유무로 유황의 함유량을 알 수 있는데, 요리했을 때 독특한 냄새가 나는 양배추, 잘랐을 때 눈이 따가워지는 양파, 매워서 혀끝을 자극하는 고추냉이 등은 유황이 풍부한 식품이다. 또한 이런 유황을 함유한 식품들은 실험 결과 암 억제 기능이 있는 것으로 밝혀졌다.

TIP 치료약으로 쓰였던 유황 식물의 제왕, 마늘

마늘이 약용으로 쓰였다는 것은 우리나라의 오래된 의학서에도 등장하지만, 서양에서도 마늘은 귀중한 약이었다. 위대한 과학자이자 의학자였던 알버트 슈바이처는 마늘 혼합물을 아메바성 이질을 치료할 때 사용했고, 수많은 연구자들은 마늘에서 최소 100가지의 유황혼합물을 발견하여 마늘을 이용한 많은 민간 치료처방을 인정한 바 있다.

나아가 유명한 화학자이자 미생물학자인 루이 파스퇴르는 19세기 중반 양파와 마늘 등의 유황 식물에 풍부한 항균 성분이 들어 있음을 밝혀냈으며, 그 후 실험에서 대장균, 결핵균 등 다양한 병균을 죽이는 성분이 있음을 확인한 바 있다.

3장 MSM은 인체에 어떤 작용을 하는가?

1) 해독 작용

유황은 다양한 효능과 함께 현대인의 건강에 긍정적인 영향을 미치지만, 그중에서도 탁월한 해독 작용을 가진다.

인체 내에는 기본적으로 메탈로티오네인(세포질 내에 존재하는 특수한 금속단백질) 이라는 강한 해독력을 가진 유황 아미노산이 존재한다. 메탈로티오네인은 금속에 의해서 유도되는 단백질의 일종으로, 중금속과 결합하는 성질이 매우 강하다. 그 이유는 메탈로티오네인에 포함되는 유황 아미노산인 시스테인 때문이다.

포유동물의 경우 약 60개의 아미노산들이 엮여져 메탈로티오네인을 구성하는데, 그 군데군데 시스테인이 포함되어 있고, 이 시스테인을 이루는 일부 원소인 '-SH' 기가 중금속과 결합해 독성을 중화시키고 몸 밖으로 배출해 혈액 속에 녹아드는 것을 막아준다.

또한 글루타치온(glutathione)이라는 유황 아미노산 역시 체내에 유입된 독성 물질을 중화시키는 역할을 한다. 글루타치온은 글루타민과 시스테인, 글리신이 결합되어 만들어지는데, 여기서 시스테인이 유독 물질을 정화하는 역할을 하는 것이다.

시중에 많이 등장해 있는 피로회복제나 간장약의 경우 이 글루타치온을 다량 함유하고 있는 경우가 많다.

2) 항암 · 항염 작용

유황은 세포와 세포막 계통을 손상시켜 각종 암을 발생시키는 유해물질인 활성산소를 제거하는 데 탁월한 효능을 보인다. 평생 동안 몸을 움직여 온 운동선수들 중에 많은 수가 암으로 사망하는 것도 이 활성산소 때문인데, 활성산소는 일상의 호흡이나 신진대사에서도 발생하며 특히 숨이 차도록 운동을 할 때 다량 발생한다. 이 활성산소는 뼈를 녹일 만큼 강력한 산화 작용을 가져 세포를 공격하고 노화를 촉진한다. 이때 체내에서는 유황 아미노산인 글루타치온과 시스테인 등이 활성 산소의 공격을 받아 손상된 DNA 복구에 도움을 주게 되는데, 이 유황 아미노산들은 암을 죽이는 면역 세포 중에 가장 강력한 NK세포인 대식 세포와 면역세포를 활성화하는 LAK 세포(암환자의 림프구를 모아 이 것에 세균이나 해로운 물질과 맞서 싸우도록 자극하는 단백질을 가해 만든 항암 세포), 종양을 죽이는 TNF 세포(종양괴사인자, 대식세포(大食細胞)에 의해 체내에서 생성되는 단백질) 의 생산을 촉진하게 된다.

이런 결과는 과거 오레건 의학 대학의 임상 실험에서도 확인된 바 있다. 암세포를 가진 실험 쥐에게 유황 채소 군을 주입시키자 암의 진전이 상당히 지연된 것이다.

나아가 유황 아미노산의 일종인 메티오닌도 항암에 중요한 역할을 한다. 메티오닌은 우리가 잘 아는 발효식품인 된장이나 간장, 김치와 같은 자연 발효 식품에 풍부하다. 그 중에서도 특히 된장은 메티오닌이 가장 풍부한 식품으로 강력한 항암 효과를 지닌다.

* 유연성 상실
* 주름살 증가
* 동맥경화 발생증가
* 흉터 조직의 회복지연
* 폐 조직 손상
* 갈라지고 건조한 피부
* 소화 장애
* 정맥류성 정맥장애
* 알레르기에 대한 무능력화

3) 콜라겐의 상호 작용

MSM의 숨겨진 또 하나의 기능은 콜라겐과 깊은 연관이 있다. 콜라겐이란 인체에 가장 많이 분포하는 단백질의 일종으로서 피부와 연골, 뼈 조직 등의 형성과 유지에 긴밀한 역할을 담당한다. 이 콜라겐이 충분하면 인체 피부는 탄력과 건강을 유지하는 반면, 콜라겐 형성에 문제가 생기면 피부 탄력이 떨어져 주름 등이 쉽게 생기게 된다. 이때 MSM 은 콜라겐 활성화에 큰 도움을 주어 피부 건강을 유지하고 회복하는 데 도움을 줄 수 있다. 이는 콜라겐이 분자 형성에 직접적으로 관여하는 콜라게나이제라는 효소와 관련이 있는데, 이 콜라게나이제를 구성하는 아미노산들의 조직력과 밀도를 높여주는 것이 바로 유황 성분이기 때문이다.

4) 피부 보호 작용

예로부터 유황은 피부병 치료제로서, 피부병에 걸리면 유황 온천을 찾아 피부병을 치료하는 경우가 많았다. 인체 피부 조직은 표피와 진피로 나뉘는데, 유황은 진피 층의 콜라겐 단백질과 밀접한 관련이 있다.

흔히 화장품에 콜라겐을 사용하는 이유는 콜라겐이 피부 탄력을 담당하기 때문인데, 유황은 이 콜라겐 단백질의 활성화와 긴밀한 연관이 있다. MSM의 3분의 1은 유황이며, 유황은 머리카락을 건강하게 하고 안색을 젊게 유지시키기 때문에 자연의 미용 영양분이라는 명성을 갖고 있다. 피부,

머리카락 및 손발톱에는 시스틴(cystine) 함유량이 매우 높고, 이것은 이런 조직에서 발견되는 특별한 종류의 단백질인 케라틴을 튼튼하게 해 주는 유황아미노산의 하나이다.

콜라겐 분자는 3중 나선 구조로 높은 안정성을 유지하는 단백질이다. 그리고 이 콜라겐 분자에 직접적으로 관여하는 콜라게나아제(경단백질의 일종인 콜라겐을 분해하는 효소의 하나) 라는 효소가 있는데, 이 콜라게나아제를 구성하는 여러 아미노산 사슬을 마치 풀처럼 끈끈하게 엮어 주는 것이 바로 유황이다.

다시 말하면 유황은 피부의 조직과 조직을 결집(S-S)시키는 접착제 역할을 한다. 그래서 콜라겐의 기능적 작용에 의하여 피부가 탄력성을 유지시켜주기 때문이다.

나아가 날로 심화되어 가는 환경오염 속에서는 피부 조직 속에 침투하는 미세먼지와 공해 같은 유해 물질을 해독시키는 것이 피부 건강의 가장 중요한 조건일 것이다. 그리고 누적되어 가는 공해독, 유해 물질을 해독시키는 것이 피부 건강의 선행 조건이다.

이 역할은 케라틴 단백질의 주요 구성 성분인 유황 아미노산인 시스테인이 담당한다. 즉 유황 성분은 피부 조직의

케라틴 기능을 향상시키고 해독을 도와주어 피부 정화와
해독에 도움을 주게 된다.

5) 정자 활성화 작용

유해물질의 증가와 공해의 심각화는 우리 삶에 큰 위협
으로 다가오고 있다. 그중에 하나는 바로 환경오르몬의 대
량 방출이다. 환경호르몬은 심각한 공해 독의 일종으로, 체
내에 침입하면 여성호르몬의 형태로 변화해 심각한 문제를
불러온다. 남성들의 불임증과 여성의 자궁질환(근종물혹,
자궁암,유방암) 등의 많은 수가 환경호르몬의 영향으로 분
석되고 있다. 이와 관련해 유황은 의미 있는 치료의 길을
제시한다. 유황은 남성의 성 기능을 증진시켜주는 강장 물
질로 알려져 왔는데, 이는 유황이 세포 속의 미토콘드리아
를 활성화시키고 건강하게 유지시켜주는 역할을 하기 때문
이다. 남성의 정자는 중간 부분에 섬유초라는 것이 존재하
는데, 이 섬유초에 미토콘드리아가 나선의 형태로 감겨 있
다. 그런데 이 섬유초의 미토콘드리아가 손상을 입게 되면

정자가 기형화되어 활력이 떨어지게 된다. 이때 유황은 유해물질이나 환경호르몬 등의 오염원으로 인하여 손상된 정자의 세포를 치료해 생존을 돕고 정자의 활동력을 증강시키게 된다.

6) 항콜레스테롤 작용

현대인의 건강을 위협하는 혈관 질환은 콜레스테롤과 과산화 지질의 과도한 축적으로 인해 혈관 벽이 좁아지면서 발생한다. 이때 유황은 콜레스테롤과 과산화지질을 분해시키는 탁월한 효과를 가진다. 이와 관련해 펜실베니아대 영양학 연구팀의 〈마늘의 유황 성분(알릴설퍼화합물)의 콜레스테롤 합성 억제〉라는 논문이 있는데, 이 연구를 주도한 유얀 예 교수는 마늘에서 추출한 유황 성분을 실험쥐의 간세포에 공급한 결과 이를 공급하지 않았을 때보다 무려 콜레스테롤 합성량이 40~60%나 줄어들었다고 발표한 바 있다. 이처럼 유황 성분은 혈관 벽을 좁히는 콜레스테롤을 분해할 뿐 아니라, 나아가 성인병의 주원인이 되는 핏덩어리인 혈전에도 강력하게 작용한다.

인제대 식품 과학부 송영선 교수가 발표한 〈김치가 혈압과 혈전 용해에 미치는 영향〉이라는 논문에 이런 내용이 잘 드러나 있다. 송 교수는 김치 속의 마늘 성분이 동맥경화의 원인이 되는 혈전증에 탁월한 효과를 발휘한다고 밝혔는데, 6주 동안 김치를 섭취한 흰쥐의 혈장에서 혈전 용해 능력이 증가한 것이다. 나아가 송 교수는 이를 김치에 다량 들어가는 마늘과 양파에 혈소판과 세포의 성분을 둘러싼 피브린 분해를 활발하게 해주는 유황이 존재함으로써 이런 결과가 나왔다고 분석했다.

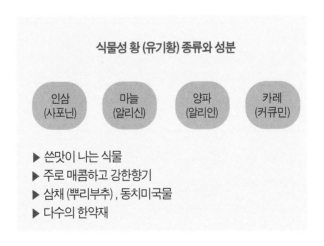

식물성 황 (유기황) 종류와 성분

| 인삼 (사포닌) | 마늘 (알리신) | 양파 (알리인) | 카레 (커큐민) |

▶ 쓴맛이 나는 식물
▶ 주로 매콤하고 강한 향기
▶ 삼채 (뿌리부추) , 동치미 국물
▶ 다수의 한약재

7) 뼈 · 근육 강화 작용

〈신농본초경(神農本草經)〉에서는 "유황은 근육과 뼈를 튼튼히 하고, 탈모를 방지한다."라고 쓰여 있다. 뼈가 튼튼해야 하는 차력술 연마자들은 쇠를 갈아 법제해서 먹었는데, 대표적인 것이 자연산 산골이다. 자연산 산골은 황동석으로 구리와 유황이 80%를 차지한다. 즉 옛날 사람들은 이미 유황이 뼈를 튼튼하게 한다는 것을 알고 있었던 것이다.

한의학적인 견지에서 봐도 유황은 뼈의 건강에 매우 중요한 역할을 한다. 〈황제내경〉에서는 "오장이 주관하는 바를 보면, 심(心)은 맥(脈)을 주관하고, 간(肝)은 근(筋)을 주관하고, 비(脾)는 육(肉)을 주관하고, 폐(肺)는 피부(皮膚)를 주관하고, 신(腎)은 뼈를 주관한다. 또한 신(腎)은 갈무리하여 간직하는 본(本)으로서 신(腎)의 충만함은 뼈에 나타난다."라고 말한다.

이는 유황이 신(腎)에 작용하게 되면 신정(腎精)이 충만하게 되어 뼈가 튼튼해지고 골수가 충만하게 된다. 이런 현상은 유황 오리에서 그 증거를 찾아볼 수 있는데, 유황을 6개월 이상 먹인 유황 오리는 유황을 먹이지 않은 보통 오리에 비해 뼈가 훨씬 단단한 것을 볼 수 있다.

8) 염증 제거와 살균 작용

흔히 생선회를 먹을 때 생마늘과 고추냉이를 곁들여 먹는 것이 일반적이다. 곰탕이나 설렁탕 같은 고기 국물을 먹을 때도 마찬가지로 잘게 썬 파를 가득 넣어 먹는다.

이는 매우 지혜로운 식습관으로 마늘과 고추냉이의 유황 성분은 생선회의 균을 살균하고, 파 역시 풍부한 유황 성분이 고기 국물 속에서 있는 독을 살균하고 해독시킨다. 특히 파에 들어 있는 디알릴 설파이드(Diallyl Sulfide : 파, 마늘에 들어 있는 성분으로 강력한 항균력이 있다)라는 유황 성분은 살균과 살충 작용에 뛰어난 효과를 보인다.

우리나라에서도 유황을 피부염에 처방하는 일이 있었고, 중국 고의서에도 역시 유황과 명반(明礬), 마늘, 노감석, 산화 아연, 식초 등을 적당한 배율로 섞어 환부에 발라 버짐을 치료했다는 기록이 있다. 이는 유황을 피부에 발랐을 때 유기물과 작용해 형성되는 펜타티온산(폴리티온산의 일종으로

수용성으로만 알려져 있고 무색 무취이며 강한 산성을 띈다) 이라는 물질 때문인데, 이 물질은 피부 각질을 용해시켜 살균 작용을 한다.

수술 후 체력이 떨어지고 감염 위험이 있을 때 유황을 법제해 만든 MSM이 회복에 도움을 줄 수 있는데, 일단 수술 후 약화된 면역력을 회복해주고 내부 독소를 배출해주며 통증을 완화시킬 뿐만 아니라, 이런 염증 제거와 살균 작용을 통해 수술 자국이 덧나지 않고 조속히 아물게 된다.

9) 이뇨 작용 및 변비 억제 작용

유황은 대장을 자극해 체내의 유독 가스와 숙변을 배출하는 데 도움을 줄 뿐만 아니라, 체내에 쌓인 묵은 노폐물을 배출하여 몸 안을 깨끗이 청소한다.

대표적인 이뇨제로 유황 아미노산인 하이드로크로로티아지드4(Hydrochlorothiazide4)가 쓰이고 있는 것도 바로 이런 까닭이다.

현재 유황은 '메틸설포닐메탄을 포함하는 음식 조성 및 그 이용 방법' 이라는 명칭으로 미국에서 특허를 얻은 바 있으며, 수많은 실험 단계를 거쳐 미국 내에서는 화장품, 건강식품, 의약품으로까지 사용되고 있다.

10) 인슐린 조절 작용

인간 인슐린 분자는 51개의 아미노산으로 엮어져 있다. 그 아미노산들은 A, B 두 가닥의 사슬로 구성되어 있다. A 사슬은 21개의 아미노산, B 사슬은 30개의 아미노산으로 엮어져 있다. 그런데 이 두 가닥의 사슬은 유황 원소(-S-S-: 디설파이드기)로 연결되어 있다. 즉 인슐린 호르몬은 유황 성분 없이 합성될 수 없으며, 유황 원소는 인슐린 호르몬 생성 때 성분을 이어주는 본드와 같은 접착제 역할을 한다.

현재 당뇨병 치료제로 톨부타미드5 (Tolbutamide5 : 아릴술포닐 요소계의 경구 당뇨병약 내에서는 가장 대표적인 약품) 가 대표적으로 사용되고 있는데, 이것은 다름 아닌 유황 화합물이다. 따라서 유황은 몸속의 인슐린 호르몬 작용에서 기능의 활성화를 가져와 당뇨병을 다스리는 데 큰 도움이 될 수 있다.

4장 내 몸을 살리는 MSM의 비밀은 무엇?

1) MSM은 자연 속에서 만들어진다

유황은 지상에 존재하는 모든 동물과 식물의 세포 속에 존재하는 성분이다. 이는 생명활동을 하는 모든 동물과 식물들은 반드시 유황을 필요로 한다는 것을 의미한다. 하지만 이 유황 성분을 인체나 동물 체내에서 활성 물질로 사용하기 위해서는 반드시 생체적으로 이용 가능한 형태로의 전환이 필요하다.

현미경으로 살펴볼 수 있는 해양 미생물인 아메바나 플랑크톤, 조류(藻類) 등은 유기황(有機黃:organic sulfur)을 생성하고 분비하는데, 이러한 유기황은 자연적인 먹이사슬을 통해 새우 - 작은 고기 - 큰 고기 - 동물 - 사람들이 섭취하고, 생체에서 각종 역할을 수행하고 배설되어 다시 강이나 바다로 흘러감으로써 반복 순환된다.

또한 바다에서는 휘발성이 아주 강한 비수용성(非水溶性)의 DMS(Dimethlysulfide)로 변환되고, DMS는 가스의 형태로 바닷물로부터 증발해 상층 오존층이나 대기권으로 올라가 오존, 자외선이나 번개 등의 촉매작용에 의해 DMSO로 산화한다. 그리고 DMSO는 다시 한 번 산화 작용을 거쳐 DMSO2인 MSM으로 변환된다.

나아가 이 2가지의 화합물은 대기 중 수증기에 용해되어 구름 속에 포함되어 있다가 비나 눈을 통해 지상으로 내려오는데, DMS(황함유화합물의 일종. 대단히 강한 냄새를 갖는다. 많은 식품에서 부패냄새의 원인의 하나이다) 와 달리 DMSO(디메틸설폭사이드는 무색무취의 흡습성의 액체로 각종의 유기물질에 대한 뛰어난 용제이다. 동해보호제로서 배양세포 등의 동결보존에도 사용되고 있다). 와 MSM은 물속에서 용해도가 높고, 식물은 물속에 녹아 있는 DMSO와 MSM을 흡수해 100배까지 농축하게 된다. 이렇게 농축된 MSM은 또다시 유황 아미노산인 메티오닌과 시스테인으로 전환되어 식물을 구성하는 성분이 된다.

우리가 먹는 식물인 마늘, 양파 등의 유황 식물, 나아가 MSM을 추출하게 되는 해송에 유황 성분이 풍부한 것도 이 때문이다. 이 자연으로부터 인체는 순수한 순식물성 유황 단백질인 메티오닌과 시스테인을 얻게 되고, 이들 2가지 아미노산은 다른 아미노산들과 함께 단백질을 형성함으로써 면역력 등 인체의 생체 활동에 영향을 미치게 된다.

앞서 우리는 이 유기황의 이로운 면을 상세히 살펴보았다. 그렇다면 MSM의 하루 권장량은 어느 정도가 적당할까?

2) MSM의 하루 권장량

사람의 체내에는 평균적으로 약 140g의 유황이 항상 축적되어 있다. 만일 이 유황을 고갈시키지 않고 올바른 건강 상태를 유지하기 위해서는 하루에 체중 1kg당 50mg의 MSM을 섭취하는 것이 바람직하다.

만일 신장에 유황이 부족해지게 되면 우선 머리카락의 윤기가 없어지고, 아토피와 같은 피부질환과 주름이 생기며, 손톱 발톱이 잘 부러지고 각질화가 나타나게 된다. 이는 유황이 결핍되어가고 있다는 신호로, 이를 그대로 방치할 경우 인체의 다른 장기나 조직에도 관절염, 각종 암, 위장장애, 당뇨 등이 발생하는 만큼 꾸준히 MSM 섭취에 심혈을 기울일 필요가 있다. 실로 MSM은 인체 질병과도 긴밀한 관계를 가지는데, MSM의 결핍이 심각한 질병을 불러올 수 있는 반면, MSM을 충분히 섭취하는 것만으로도 질병의 예방과 치료에 도움을 줄 수 있게 된다.

다음은 MSM이 인체에 미치는 영향들을 상세하게 살펴본 검증된 임상실험 결과로, MSM이 우리 몸을 어떻게 살리고 회복시키는지를 가감 없이 보여준다.

3) MSM의 임상실험 결과는?

지구력 증가와 건강 유지

참고자료에 의하면 33~59세의 건강한 14명의 남녀 (혈액 1ppm) 에게 하루 250~500mg 이상의 MSM을 섭취하도록 했다. 약 7개월에서 1년 이상을 오렌지 주스에 녹인 용액으로 MSM의 섭취를 계속한 결과 14명 중 실험 기간 동안 단한 사람도 감기나 몸살 등을 앓은 적이 없었다. 또한 몸의 컨디션이 매우 좋아져 상쾌함을 느끼고, 지구력이 증가되었다고 보고했다.

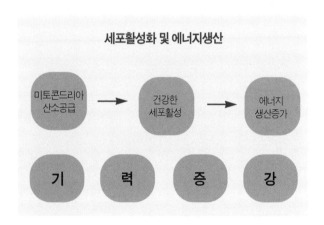

전신 염증 질병으로 인한 통증 완화

여러 근골격계 질병에 관련된 통증 및 종기의 징후가 있는 이들에게 매일 식사에 약 100~500mg의 MSM을 포함시키자 상당한 호전을 경험했다.

나아가 처음에는 MSM만 섭취하고 나중에는 아스코르빈산(ascorbic acid : '비타민C' 를 말한다)과 결합하여 섭취한 대부분 이 결합에 큰 이익이 있다고 보고했다. MSM을 아스코

르빈산과 결합하면 특히 밤중의 다리 경련에 유효한 것으로 드러났다.

또한 편두통 역시 하루 50~500mg 수준의 경구 투여로 큰 차도를 얻을 수 있었다.

81세의 한 여성은 만성관절염으로 하체 통증이 심했고, 수년간 최신 항 관절염, 진통제를 복용했지만 결과는 실망이었다. 이후 이 여성은 식사에 하루 1/2티스푼의 MSM을 포함시켜 섭취한 결과 2주후 통증이 거의 사라지는 것을 경험했고, 약 16개월간 하루 1/4~1/2티스푼의 MSM을 섭취한 후 실질적으로 개선되었다.

정신적 건강 유지

인간의 정신 건강은 환경 변화에 따라 예민해진다. MSM을 섭취한 사람은 주의력 증가를 경험하고, 환경 변화에 대해서도 심리적으로 안정되었으며, 특히 우울증에 강한 모습을 보였다.

우울증에 대하여 간헐적으로 약물치료를 받은 몇몇 피검자는 항 우울제 치료와 비교할 때, MSM을 섭취할 시 불과 몇 시간 내에 우울증이 호전되는 것을 경험했다고 한다.

학생들의 경우 MSM을 섭취하는 동안 집중력이 향상된다는 것이 보고되었다. 이처럼 MSM은 중추신경계통(CNS) 치료에 유용하며, 우울증을 앓는 만성 혹은 급성 환자에게 MSM을 체중 1kg당 1,000mg을 매일 섭취시킨 결과 12시간 내지 2일 내에 환자의 정신 상태에서는 괄목할만한 진전이 있었다.

당뇨와 관련된 혈관 합병증 완화

22년 전 진성 당뇨병을 진단 받고 심각한 혈관 합병증을 가진 58세의 남성에게 MSM을 투여 했다. 그는 동맥경화증으로 하지(下肢)로의 동맥 피 공급이 감소되면서 발의 심각한 냉기와 울혈과 타박상 문제를 겪었다.

환자에게 21일간 하루 두 번씩 500mg의 MSM을 공급했고, 가장 먼저 타박상이 호전되었다. 3주가 경과되었을 무렵, 발의 냉증은 부분적으로 완치가 되지 않았지만 환자는 체력이 몹시 좋아져서 지치지 않고 평소의 도보 거리 두 배를 걸을 수 있게 되었다. 또한 이 실험은 당뇨 환자에게 필요한 인슐린 저항성을 높일 수 있는 가능성을 제시하였다.

폐기종 완화와 폐 건강 유지

호흡이 곤란한 7명의 환자에게 하루 200~1,500mg의 MSM을 섭취시켰다. 이중 5명은 흡연으로 인한 폐기종으로 고생하고 있었고, 2명은 흉막액 축적에 기인한 부가적인 기능 손상으로 폐 종양을 앓고 있었다.

기종을 가진 5명중 2명은 하루 500mg의 MSM을 섭취한 후 6주 및 8주 내로 결과가 평가되었다. 이들은 실험 기간 중에 동맥 산소압 등에서 심각한 비정상 수치를 보였다가 MSM을 섭취하는 동안은 정상 범위 수치를 보였다.

또한 모든 환자들이 실험 기간 전 및 실험 기간 동안 약 2주 사이에 평소 도보 거리보다 최소 2배를 편안하게 걸을 수 있게 됐다.

또한 폐종양을 가진 2명의 환자도 보다 편안하게 의사 및 간호사 뿐만 아니라 가족들과 만날 수 있었고, 실험 전보다 외관 및 상태가 좋아졌다는 평가를 받았다.

나아가 실험 기간 첫 달 동안 각 환자들의 허파동맥 문제도 사라졌다. 이들의 경우 MSM 섭취 전에 방사선과 화학요법을 받았지만 큰 차도가 없었다고 한다.

급성 통증 완화

MSM은 결석이 수뇨관을 막음으로써 생기는 급작스런 통증을 해소하는 데 유용하며, 또한 복부에 우발적인 타격을 받음으로 생기는 성인 여자의 하복부 경련 등을 해소하는 데도 유용한 것으로 밝혀졌다.

4) 기능식품으로 MSM을 섭취할 수 있다

MSM은 다양한 식물들에 분포하기 때문에 유황 채소 군에서도 어느 정도 유황 성분을 섭취할 수 있다. 그러나 문제는 식물에 존재하는 MSM은 그 양이 풍부하지 않고, 만일에 충분한 양이 존재하더라도 씻거나 요리하거나 끓이는 과정에서 손실되고 만다. 이는 유황이 강한 휘발성을 가지기 때문인데, 대체적으로 가공 식품을 섭취하는 현대인의 식습관 상 MSM을 포함한 식품을 섭취하기가 용이하지 않은 것이다. 반면 야생에서 사는 동물들의 경우 유황이나 여타 중요 미량 영양소 부족에 걸리는 경우가 거의 없는데, 이는 야생동물들은 초목을 그대로 섭취하기 때문이다.

따라서 MSM을 섭취할 때는 이런 휘발성을 감안하여 같은 유황 채소군 등을 섭취하더라도 가능한 생으로 섭취하며, 만일 충분한 양의 MSM 식품군을 섭취하기 어렵다면 건강기능식품의 형태로 섭취하는 것도 한 방법이 될 수 있다.

실제로 MSM은 미국에서 캡슐이나 분말 형태 등 다양한 건강기능식품의 형태로 공급되고 있는데, 대체 통합의학 병원에서는 항암제, 염증치료제, 통증완화제, 류마티스치료제, 우울증치료제, 피부경화치료제로 이를 다양하게 사용하고 있다.

나아가 MSM은 무색무취의 섭취가 용이한 성분으로, 특히 부작용으로부터 자유롭다. 인체에 필요한 양이 충분히 흡수되고 나면 나머지는 피부나 요도를 통해 자연스럽게 배출되는데, 피부 배출은 다양한 미용 효과를 가져오기도 한다.

5장 무엇이든 물어보세요

Q : MSM을 섭취하려 하는데 어떤 형태의 제품이 좋을까요?

A : MSM은 일반적으로 캡슐이나 결정, 가루 형태로 많이 나옵니다. 피부에 바르는 경우에는 로션, 크림, 젤의 형태로도 출시되지요.

캡슐은 보관과 휴대가 용이하고, 결정과 가루도 1회분씩 소분되어 출시되므로 취향에 맞게 고르면 되며, 형태에 따라 효능이 떨어지거나 하는 경우는 없습니다.

Q : MSM에 글루코사민이 첨가되어 있는 제품을 섭취해도 될까요?

A : 나이가 들면 칼슘과 단백질이 부족해질 경우 관절과 뼈에 이상이 생기는 경우가 많습니다. 특히 갱년기 여성은

호르몬 불균형으로 골밀도가 낮아지게 되므로 꾸준한 관리가 필요합니다. 특히 오래전 차력사들이 많이 먹던 산골의 80%가 유황 성분이었던 것처럼, 유황은 뼈를 튼튼하게 해주는 성분으로서 MSM은 뼈 건강에 큰 도움이 됩니다. 또한 MSM은 역시 연골 형성에 도움을 주는 글루코사민과 함께 섭취하면 각 관절을 튼튼하게 해주는 효능이 배가될 수 있습니다.

Q : MSM의 하루 섭취량보다 많이 섭취하면 문제가 생길까요?

A : 무엇이든 효과를 보려면 한꺼번에 섭취하기보다는 꾸준히 정기적으로 섭취하는 것이 중요합니다. MSM 역시 마찬가지입니다.

일정한 정량을 꾸준히 섭취하는 것만이 가장 최선이지만, 그럼에도 사람은 타고난 체격, 크기, 호르몬, 내성, 에너지, 저항력, 건강 또는 질병의 정도가 다릅니다. 따라서 효과를 볼 수 있는 섭취량은 저마다 다를 수 있기 때문에, 가장 좋은 것은 효과를 보이는 정량을 경험을 통해 체득하는 것입니다. 효과가 있다고 느껴질 때까지 적절한 기간, 적절한 용량을 섭취한다고 생각하고 섭취 기록을 써보면 보다 정확히 자신에게 걸맞은 일일 섭취량을 찾을 수 있을 것입니다.

다만 일반적인 유지와 건강을 위해 섭취할 경우, 최소 한 번에 2,000mg 섭취를 하고, 호전 효과를 기대하려면 그보다 많은 양을 섭취해야 합니다.

Q : MSM도 과다 섭취 시 문제가 생길 수 있나요?

A : 과다 섭취하더라도 큰 부작용은 없으며, 예민할 시에는 드물긴 하지만 속 더부룩함이나 변통이 발생할 수 있습니다. 그럴 시에는 한 번에 섭취하는 양을 줄이고, 여러 번 나눠서 섭취하면 상태가 호전됩니다. 육체를 과도하게 혹사하는 운동선수들 중에 스태미너를 증가하고 근육통을 줄이기 위해 비교적 많은 양의 MSM을 운동 전후에 섭취하는데, 그런 분들 중에 많은 수가 처음에는 두통이나 위장 반응을 겪는다고 합니다. 하지만 점차 양을 줄여 여러 번 나누어 섭취할 경우 이 증상은 서서히 사라집니다.

Q : MSM을 공복에 섭취해야 합니까? 아니면 식사와 함께 섭취해야 합니까?

A : 공복에 섭취하는 분들도 많지만, 가장 효과가 좋은 것은 음식을 먹고 난 뒤 공복 상태가 되기 전에 섭취하는 것입니다. 다만 처음 섭취를 시작할 때는 식사 도중 음식과 함께 섭취하거나 식후에 섭취하는 것이 위장의 불편감을 최소화하는 방법입니다. 다만 예민하신 분들은 취침 전 MSM 섭취를 자제해야 합니다. 이는 MSM이 인체 에너지 수준을 증가시켜 숙면을 방해할 수 있기 때문입니다.

Q : 얼마나 섭취해야 MSM의 효과를 기대할 수 있나요?

A : 개인 간의 차이, 질병 간의 차이로 인해 각각의 상황마다 효과가 나타나는 시간이 다르므로, 쉽게 예측할 수는 없습니다. 며칠 이내에 즉시 나타나는 사람도 있고, 또는 그 이상 걸리는 사람도 있습니다. 또한 다음날 곧바로 통증이 상당히 감소하는 사람도 있고, 어떤 사람은 현저히 개선되는 데 몇 달이 걸리기도 하는 만큼 인내심을 가지고 꾸준

히 섭취하시면 좋습니다.

A : MSM은 임상실험 결과 거의 물 만큼이나 안전한 물질입니다. 현재까지 어떤 심각한 부작용도 발견된 바 없으며, 수천 명의 환자가 하루에 2,000mg 또는 그 이상의 MSM을 몇 개월 또는 수년간 부작용 없이 섭취해왔습니다. 그럼에도 MSM이 생물학적으로 활성물질이라는 사실은 인지해야 합니다. 이는 MSM에 역학적 활동력이 있어서 인체에 영향을 미칠 수 있다는 의미이며, 오히려 긍정적인 성질을 가집니다.

그러나 약학적 활동이 있는 모든 약은 부작용의 가능성이 있는 만큼 의구심이 든다면 의사와 먼저 상의하는 것도 한 방법입니다. 또한 한꺼번에 너무 많은 양을 섭취하면 약한 위장장애나 변통, 복부 경련이 야기될 수 있는 만큼 섭취량에 주의를 기울여야 합니다.

Q : 꼭 정량만 섭취해야 하나요?

A : MSM은 비타민 C와 유사한 섭취상의 특징이 있습니다. 만일 몸에 질병이 있거나 병이 중할수록 우리 몸은 더 많은 비타민 C를 활용하게 된다는 점은 잘 알려진 사실입니다.

한 예로 처음부터 5그램의 비타민 C를 섭취하면 일시적으로 설사가 발생할 수 있지만, 심한 감기에 걸리면 20그램을 섭취하고도 그 비타민 C가 모두 몸에 수용됩니다. MSM도 비타민C와 마찬가지로 질병이 있는 상태라면 더 많은 필요량을 요구하게 되는 만큼, 많은 양을 섭취해도 질병 회복이나 체력 증강에 사용되게 됩니다.

Q : MSM을 장기 섭취하는 것도 가능할까요?

A : 일부 환자 중에는 MSM을 거의 20년 동안 섭취한 환자들도 있습니다. 비단 질병이 심하지 않더라도 MSM에는 면역 체계를 강화하는 이로운 점이 많기 때문입니다. 이에 대한 과학적 근거는 없지만, 일부 연구에 따르면 MSM을 정

기적으로 섭취한 사람들은 감기나 바이러스 감염 확률이 적어지는 것으로 나타났습니다.

또한 수년간 MSM 섭취를 계속해온 사람들을 대상으로 효과를 살펴본 결과, MSM으로부터 일정한 효과를 얻는 것은 오로지 섭취를 계속하는 동안만이며, 섭취를 중단하게 되면 효과는 사라질 수 있습니다. 다만 MSM을 질병의 치료 과정에 사용하는 경우는 증상이 호전되고 나면 유지를 위해 하루 2,000mg을 섭취해야 합니다.

다시 말해 MSM은 장기간 섭취가 가능할 뿐만 아니라, 오히려 장기섭취를 권장할 만한 성분입니다.

Q : MSM 섭취시 처방 약 등 다른 약물과 함께 섭취해도
    괜찮을까요?

A : MSM은 의학치료 보조에 사용되기도 하는 성분으로서, 영양제로서도 큰 가능성을 갖고 있습니다. 여러 회수의 임상 사용 결과, MSM은 다양한 질병 치료에 영향을 미치며 상당한 치유 효과를 가져 심지어 MSM 섭취 후 다른 약물의 처방 양을 줄이거나 약을 끊는 경우도 생깁니다. 다만 이런

부분은 혼자 결정하기에는 무리가 있는 만큼, 질병 치료를 받고 있다면 MSM을 섭취하려는 뜻을 의사에게 먼저 알려서 조언을 듣는 것이 좋습니다.

나아가 MSM 및 혈액 테스트 결과, 한 가지 예외가 존재하는데, 만약 간 기능 검사를 할 계획이라면 검사 전 약 나흘간은 MSM 섭취를 중지해야 합니다. MSM은 간에 손상을 주는 물질은 아니지만 때로 간 효소에 대한 실험의 정확도를 방해할 수 있기 때문입니다.

Q : MSM과 아스피린을 함께 섭취해도 좋을까요?

A : MSM의 전신으로 알려진 DMSO의 경우, 섭취 시 혈소판 군을 방해할 수 있습니다. 임상 관측에 의하면, MSM도 마찬가지로 혈소판 군의 혈액을 묽게 하는 아스피린과 비슷한 효과를 낳을 수 있습니다. 혈소판이란 혈액 응고에 중요 역할을 하는 혈액의 유령성분인 혈구의 하나로 지나치게 응집이 강해지면 심장병이나 발작과 관련된 동맥의 축소를 일으킬 수 있습니다.

아스피린은 이 응혈 활동을 감소시키는 데 도움을 주는

것으로 알려져 왔으며, 이 때문에 선진국에서는 많은 사람들이 심장혈관 예방제로 아스피린을 복용합니다. 따라서 아스피린처럼 혈액을 묽게 하는 약을 많이 복용할 경우에는 비슷한 효능이 있는 MSM를 섭취할 때 주의를 기울여야 합니다. MSM의 경우 심장 혈관과 관련된 병을 예방하는 데 유익하다는 의학적 근거는 아직 나와 있지 않습니다만, 효과적인 혈액 응고 완화 물질로서 그 가능성을 조사해볼 가치가 있습니다. 나아가 MSM은 혈액을 묽게 하는 약품과 함께 섭취하면 혈액 희석작용의 가속할 수 있는 만큼 섭취에 주의를 기울여야 합니다.

만일 아스피린과 함께 MSM을 섭취할때 멍이 잘 들거나 치질로 인한 출혈의 증가가 있다면 즉시 의사의 점검을 받으셔야 합니다.

Q : 임산부가 MSM을 섭취하는 건 안전할까요?

A : 아이들은 영양제로서보다는 알레르기, 천식이나 유아 류마티성 관절염 같은 증상이 있을 때 치료의 일환으로 MSM을 추가로 사용하는 것을 고려하고 있습니다. 많은 아

이들이 MSM을 섭취하고 있으며, 일부는 매우 대량을 문제 없이 섭취하고 있습니다. MSM의 안전성은 입증된 바가 있지만, 임산부의 경우는 산모의 영양상의 균형 등을 고려하여 의사와 상의 하에 섭취하는 것을 권장 드립니다.

또한 아이나 애완견이 실수로 MSM을 다량 섭취하였을 경우 놀라시는 분들이 계신데, 여타 약품의 경우 다량을 삼켰다고 판단하면 아이를 의사나 병원 응급실에 보여 검사해야 하는 반면, 다량의 MSM을 삼켰다면 대부분은 설사로 끝나며, 그것도 양이 많을 때의 일입니다. 그래도 걱정이 된다면 병원이나 수의사에 데려가 보는 것도 좋습니다.

Q : 먹는 MSM과 더불어 피부에 바르는 MSM이 있다고 들었는데 어떻게 사용하면 되나요?

A : 인체에 MSM의 치유 효과를 주는 1차적인 방법은 경구로 섭취하는 것이며, 추가 수단으로서 피부에 적용하는 것 또한 좋은 효능을 기대할 수 있는 섭취법입니다.

MSM은 경구 섭취와 피부 적용을 복합적으로 사용할 때 더 큰 효과를 기대 할 수 있습니다. 실제로 시중에는 MSM

성분을 피부용으로 변환시킨 각종 로션, 크림, 젤이 나와 있습니다. 그중에 가능한 한 함유량이 많고 순수한 제품이 좋습니다.

Q : MSM이 인체에서 하는 역할을 한마디로 이야기해주시고 효율을 극대화하려면 어떻게 하면 좋은가요?

A : MSM의 역할을 한마디로 요약하면 "콜라겐의 합성을 도와서 결체조직(근육,인대,점막,골격,연골 등)을 형성하고 생체의 유기접착제 역할을 한다."는 것입니다.

노화와 질병이란 결국 세포와 세포사이의 결속력이 약해져서 근육,인대,골격,연골,피부가 늘어나는 것인데 MSM과 비타민C, 아연, 그리고 콜라겐이 함께 하면 인체에 큰 도움을 줄 수 있습니다. 더불어 올바른 식이요법(발아현미와 생채식 등)과 긍정적인 사고방식, 그리고 발끝에서 머리끝까지 모든 관절과 근육을 단련하고 심혈관과 림프순환에 도움을 줄 수 있는 전통운동을 병행하면 질병예방은 물론 전체건강에 가장 좋은 방법이라고 할 수 있습니다.

MSM을 통해 건강한 삶을 되찾자

건강에 대한 지식은 돈으로도 바꿀 수 없는 귀중한 지혜라고 했다. 많이 알고, 정확히 정보를 구분해내며, 또한 아는 것을 활용하는 행동력이 결과적으로 우리 삶의 건강을 담보한다.

이 책은 우리의 삶과 건강을 유지해주는 데 결정적인 영향을 미치는 천연 식이 유황 MSM에 대한 정보를 간결하고도 쉽게 전달하기 위해 쓰여 졌다. 식이 유황의 이로움에 대해 잘 알았던 분들도 계시겠지만, 지금껏 MSM에 대해 몰랐다면 새로운 정보를 통해 한층 건강한 삶에 다가갈 수 있었으리라 믿는다.

건강을 지키는 일은 쉬울 수도 있고, 어려울 수도 있다. 아플 때 그저 약을 먹고 병원에 가는 것만이 건강을 지키는 일이라고 생각하는 이들에게 건강관리는 무겁고 어려운 것이다. 반면 건강한 식품과 식습관으로 스스로를 돌보는 일이 건강을 지키는 일이라고 생각한다면, 그 사람에게 건강관리는 축복이고 즐거운 일이 될 수 있다.

이 책이 여러분의 건강한 삶을 영위하는 데도 도움이 되리라 믿으며, MSM의 탁월한 기능을 많은 이들이 경험해보시기를 바란다.

참고도서

- The Miracle of MSM / 스탠리 제이콥, 로날드 로렌스, 마틴 저커 지음 / Berkley Books

- 노화와 질병 / 레이 커즈와일, 테리 그로스만 지음 / 이미지박스

- 통증혁명 / 존 사노 지음, 이재석 옮김 / 국일미디어

- 몸에 좋은 마늘 건강법 / 정금주 감수, 한재복 편역 / 중앙생활사

- 의학 상식 대반전 / 낸시 스나이더맨 지음, 김유신 옮김 / 랜덤하우스

- 순수증류기법으로 정제한 식물성 황 / 식품의약품안전청

- 건강기능식품의 기준 및 규격 일부개정고시 / 식품의약품안전청고시 제2011-68호

- 고통의 자연적 해결 msm의 기적 / 교육용 자료

- msm을 복용한 사람들이 전하는 msm 체험사례 / 서경석 목사

건강사업을 하기 위해서는
내게 어떤 지원 자료가 필요할까?

이 질문에 대한 대답은 '사업진행에 따라서 다릅니다' 입니다!

그것은 여러분이 얼마나 큰 사업을 얼마나 빨리 이루고자 하느냐에 따라 달라집니다. 이 사업은 여러분이 생각하시는 것처럼 한가지로 정해져 있는 것이 아닙니다.

물론 그동안의 경험을 통해서 우리는 여러분이 성공을 향해 나아가는 데 있어서 우선적으로 중요하게 생각해야 하는 내용이나 기술이 어떤 것들인지 알려 드릴 수 있습니다. 많이 아는 만큼 사업진행도 좋아지는 동시에 자신감도 생길 수 있기 때문에, 지식을 쌓는 것은 무엇보다도 중요합니다.

여러분이 이 사업을 진지하게 생각하면서 전문가가 되고 싶어 하신다면, 처음부터 제대로 된 사업지원 자료(TOOL)를 가지고 시작하셔야 합니다.

시작 단계에서 올바른 결정을 내리신다면 더욱 효율적이

고 효과적으로 사업을 하실 수 있을 뿐 아니라 다른 사람들도 여러분이 하시는 그대로 따라 하게 될 것이기 때문에, 장기적으로 보면 시간과 돈을 절약하는 것이 됩니다.

다음장에 제시되어 있는 것은, 여러분이 가장 효과적으로 사업을 진행하실 수 있도록 추천해드리는 '내 몸을 살린다', '내 몸을 살리는' 시리즈 목록입니다.

건강이 보이는 건강 지혜를 한권의 책 속에서 찾아보자!

도서구입 및 문의 : 대표전화 0505-627-9784

함께 읽으면 두 배가 유익한 건강정보

⇨내 몸을 살리는 시리즈는 계속 출간됩니다.

독자 여러분의 소중한 원고를 기다립니다

독자 여러분의 소중한 원고를 기다리고 있습니다.
집필을 끝냈거나 혹은 집필 중인 원고가 있으신 분은
moabooks@hanmail.net으로 원고의
간단한 기획의도와 개요, 연락처 등과 함께 보내주시면
최대한 빨리 검토 후 연락드리겠습니다.
머뭇거리지 마시고 언제라도
모아북스 편집부의 문을 두드리시면
반갑게 맞이하겠습니다.